苹果枝干病害分类及防控技术

方文烈　著

U0291129

中国城市出版社

图书在版编目（CIP）数据

苹果枝干病害分类及防控技术／方文烈著. -- 北京：
中国城市出版社，2024.12. -- ISBN 978-7-5074-3737
-9

Ⅰ. S436.611.1

中国国家版本馆CIP数据核字第2024HA5245号

责任编辑：刘颖超
书籍设计：锋尚设计
责任校对：赵　力

苹果枝干病害分类及防控技术
方文烈　著

*

中国城市出版社出版、发行（北京海淀三里河路9号）

各地新华书店、建筑书店经销

北京锋尚制版有限公司制版

建工社（河北）印刷有限公司印刷

*

开本：787毫米×1092毫米　1/32　印张：3　字数：44千字
2024年8月第一版　　2024年8月第一次印刷
定价：**30.00**元

ISBN 978-7-5074-3737-9
（904768）

图 1　苹果腐烂病示例

图 2 苹果干腐病示例

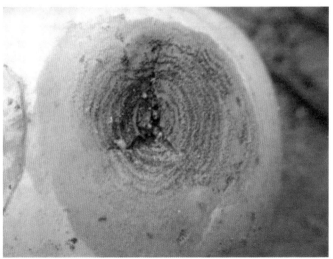

图 3　苹果轮纹病示例

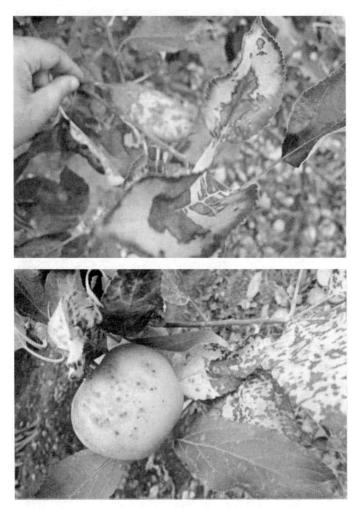

图 4　苹果炭疽病示例

图 5　细菌性溃疡病示例

图6 细菌性根癌病

（a）锈果型

（b）花脸型

图7 苹果锈果病症状示例

图 8　苹果花叶病示例

图 9　缺铁性黄叶病示例

图 10　缺钙引起的苦痘病示例

图 11　缺镁导致的叶脉间失绿示例

图 12　日灼病示例

前　言

在辽阔的华夏大地上，烟台以其得天独厚的自然条件与悠久的栽培历史，傲然屹立于中国苹果产业的巅峰，成为无可争议的苹果主产区和优势产区。在这片丰饶的土地上，蓬莱区更是以其独特的地理位置与气候条件，孕育出了品质卓越、风味独特的苹果，其产量占比高达21%，不仅丰富了国人的果篮，更远销海外，赢得了世界的赞誉。

然而，在苹果产业蓬勃发展的背后，也潜藏着不容忽视的挑战——苹果病害的威胁日益严峻。尤其是苹果枝干病害，作为一类直接侵袭果树"生命线"的顽疾，其危害之广、影响之深，已成为制约苹果产业持续健康发展的关键因素。枝干病害不仅导致树皮腐烂、枝干枯死，更间接影响到果实的品质与产量，让果农们的心血与汗水面临巨大损失。

鉴于此，本人从事农业技术推广工作30余年，深感责任重大，有必要对苹果枝干病害进行系统而深入的研究，以期为苹果产业的健康发展提供有力支撑。《苹果枝干病害分类及防控技术》一书，正是在这样的背景下应运而生。本书旨在通过详尽的病害分类、深入的发病规律探讨以及科学、有效的防控技术介绍，为广大果农及农业技术人员提供实用的参考。

在书中，首先对苹果枝干病害进行了全面而细致的分类，使读者能够清晰地认识到不同病害的特征与危害。随后，深入剖析了这些病害的发病规律，包括病原菌的生物学特性、侵染途径、发病条件等，为制定防控策略提供了坚实的理论基础。

更为重要的是，本书还着重介绍了多种科学有效的防控技术，包括农业防治、生物防治、化学防治以及物理防治等多种手段。然而，防控苹果枝干病害不能仅依靠单一的方法，而应综合运用多种措施，形成立体防控体系。同时，特别提醒果农朋友们，加强防控意识、及时采取措施是预防和控制病害的关键所在。

期望《苹果枝干病害分类及防控技术》一书的出版，为苹果产业的健康发展贡献一份力量。期待通过本书的推广与应用，能够有效控制苹果枝干病害的发生与危害，保障苹果树的健康生长和高产优质，为果农们带来更加丰厚的经济收益。同时，我也希望本书能够激发更多人对苹果病害防控研究的兴趣与热情，共同推动中国苹果产业迈向更加辉煌的未来。

方文烈

2024年5月

目 录

第 1 章

概述

1.1 研究背景与意义

苹果作为全球广泛种植的果树之一，其产量和品质直接关系到果农的经济收益和消费者的健康福祉。然而，在苹果生长过程中，枝干病害作为一类严重影响果树健康、降低果实产量和品质的重要因素，长期以来一直困扰着果农和农业科研人员。枝干病害不仅会导致苹果树势衰弱、枝条枯死，还会通过侵染果实造成直接的经济损失，甚至引发果园的毁灭性灾害。因此，对苹果枝干病害进行科学分类和深入研究，探索有效的防控技术，对于保障苹果产业的健康发展和果农的经济利益具有重要意义。

研究苹果枝干病害分类及防控技术，旨在通过系统梳理和归纳苹果枝干病害的种类、症状、病原及发病规律，为病害的准确诊断和早期防控提供科学依据。同时，结合现代农业科技手段，研究并推广绿色、高效、可持续的防控技术，减少化学农药的使用，保护生态环境，提高苹果的品质和安全性。这不仅有助于提升我国苹果产业的国际竞争力，促进农业绿色发展，还能够为果农提供切实可行的技术指导，帮助他们有效应对枝干病害的挑战，实现增产、增收。

1.2　国内外研究现状综述

在苹果枝干病害分类及防控技术研究领域，国内外学者已经取得了丰硕的成果。国外方面，欧美等发达国家较早开展了苹果枝干病害的研究工作，建立了较为完善的病害分类体系和防控技术体系。他们注重病害的病原鉴定、发病机理及流行规律研究，并在此基础上开发了多种有效的防控措施，如生物防治、物理防治和化学防治等。同时，他们还注重将现代科技手段应用于病害防控中，如利用分子生物学技术进行病原检测、利用遥感技术进行病害监测等，提高了病害防控的精准度和效率。

国内方面，随着我国苹果产业的快速发展，苹果枝干病害的研究也受到了越来越多的关注。近年来，我国农业科研人员在苹果枝干病害分类、病原鉴定、发病规律及防控技术等方面取得了显著进展。他们不仅对传统病害进行了深入研究，还发现了许多新的病害种类和病原，为病害的防控提供了新的思路和方法。同时，他们还积极引进和消化吸收国外先进的防控技术，结合我国实际情况进行改进和创新，形成了具有中国特色的苹果枝干病害防控技术体系。然而，与国外相比，我国在苹果枝干病害防控技术的研发和应用方面仍存在一定差距，需要进一步加强研究和推广力度。

第 2 章

苹果枝干
病害概述

2.1 苹果枝干病害的定义与重要性

苹果枝干病害，顾名思义，是指发生在苹果树枝干上的各种病害现象，这些病害由真菌、细菌、病毒或线虫等病原微生物引起，对苹果树的生长、发育及果实产量和品质构成严重威胁。枝干作为苹果树体的重要组成部分，承载着养分输送、光合作用产物分配及支撑树冠等功能，一旦受到病害侵袭，其生理功能将受到严重影响，进而影响整株树的健康状态。

苹果枝干病害的重要性不言而喻。首先，枝干病害直接影响苹果树的生长势和寿命。病害严重时，可导致枝条枯死、树势衰弱，甚至整株死亡，严重缩短苹果树的经济寿命。其次，枝干病害是苹果树产量和品质的重要限制因素。病害引起的枝条减少、叶片脱落、光合作用效率下降等，会直接影响果实的发育和品质，导致产量下降、果实外观和内在品质变差。此外，枝干病害还易成为其他病虫害的侵染源，加剧果园病虫害的发生和蔓延，进一步增加防控难度和成本。

2.2　苹果枝干病害的发生特点

苹果枝干病害的发生具有多种特点，这些特点对于病害的识别和防控具有重要意义。首先，苹果枝干病害的发生具有季节性。许多病害在特定的季节或气候条件下易于发生，如春季湿度大、温度适宜时，枝干上的病原菌易于繁殖和侵染；夏季高温多雨则有利于病害的扩散和蔓延。其次，枝干病害的发生与树势、树龄密切相关。树势衰弱、树龄较大的苹果树更容易受到病害的侵袭，因为这些树的抵抗力相对较弱，难以抵御病原菌的入侵。此外，枝干病害的发生还受到果园管理水平的影响。管理粗放、病虫害防治不及时的果园，枝干病害的发生率和严重程度往往较高。

2.3　病害对苹果产业的影响

苹果枝干病害对苹果产业的影响是多方面的。首先，从经济角度来看，枝干病害导致的产量下降和品质变差直接影响了果农的经济收益。果农需要投入更多的资金和时间进行病害防控和果园管理，但最终的收益却可能因病害而大打折扣。其次，从社会角度来看，枝干病害的爆发可能引发消费者对苹果安全的担忧，影响消费者对苹果的消费信心和市场需求。这不仅会对苹果产业造成冲击，还可能对整个农业产业链产生连锁反应。此外，枝干病害还可能对生态环境造成负面影响。大量使用化学农药进行病害防控会污染土壤、水源和空气等环境资源，破坏生态平衡和生物的多样性。

因此，针对苹果枝干病害的研究和防控工作具有重要的现实意义和长远价值。通过深入了解病害的发生规律和防控技术，制定科学、合理的防控策略和管理措施，可以有效减轻病害对苹果产业的危害程度，保障苹果产业的健康、稳定发展。

第 3 章
苹果枝干病害分类

苹果枝干病害种类繁多，依据其病原体的不同，主要可分为真菌性病害、细菌性病害、病毒性病害和非侵染性病害四大类。每一类病害均对苹果树的生长和果实产量构成不同程度的威胁，了解并区分这些病害对于制定有效的防控策略至关重要。

3.1 真菌性病害

真菌性病害作为苹果树栽培中最为常见且危害严重的病害类型之一，其发生与流行不仅影响苹果树的正常生长，还直接关系果实的产量与品质，进而对果农的经济收益造成重大影响。本节将深入探讨几种主要的苹果枝干真菌性病害，包括苹果腐烂病、苹果干腐病、苹果轮纹病，以及苹果炭疽病，从病害的病原、症状、发病规律、传播途径及综合防治策略等方面进行详细阐述。

3.1.1 苹果腐烂病

1. 病原与症状

苹果腐烂病，又称烂皮病，主要由弱寄生真菌引起，如壳囊孢属（Valsa）的某些种。这些真菌在树皮组织内潜伏侵染，待树势衰弱或环境条件适宜时发病。病部初期往往难以察觉，仅表现为红褐色至暗褐色的水渍状斑点，随后迅速扩展，皮层组织变软腐烂，伴有明显的酒糟味。病情严重时，病斑可环绕枝干一周，导致枝干乃至整株树木枯死（图1）。

图 1　苹果腐烂病示例

2. 发病规律与传播途径

苹果腐烂病的发生与树势强弱、伤口存在、环境条件及管理水平密切相关。树势衰弱、养分不足、冻害、日灼伤等造成的伤口，是病菌侵入的主要途径。病菌主要通过风雨、昆虫及修剪工具等传播，在树体上形成新的侵染点。此外，病菌还能在病残体上越冬，成为来年病害的初侵染源。

3. 综合防治策略

加强树体管理： 合理施肥，增强树势，提高树体抗病能力。及时修剪，去除病枝、弱枝，减少病菌侵染机会。

伤口保护： 对修剪、嫁接等造成的伤口，及时涂抹伤口愈合剂，防止病菌侵入。

化学防治： 在病害高发期，可使用有效的杀菌剂进行树干涂白或喷雾防治，减少病菌数量。

生物防治： 利用拮抗菌、木霉菌等生物制剂进行防治，抑制病菌生长。

清除病源：秋末冬初彻底清除果园内的病残体，减少越冬菌源。

3.1.2　苹果干腐病

1. 病原与症状

苹果干腐病同样由真菌引起，主要病原包括多种子囊菌和半知菌。该病多发生在老弱枝干上，初期症状为红褐色至暗褐色的病斑；随着病情发展，病斑逐渐扩大并环绕枝干，导致枝干干枯死亡。该病常与冻害、日灼伤等伤口结合发生，加剧病情发展（图2）。

图2　苹果干腐病示例

2. 发病规律与传播途径

苹果干腐病的发病规律与腐烂病相似，均受树势、环境条件及管理水平的影响。病菌主要通过伤口侵入，并在树体内潜伏侵染。风雨、昆虫及修剪工具等也是病菌传播的重要途径。

3. 综合防治策略

增强树势：通过合理施肥、灌溉等措施增强树体营养水平，提高抗病能力。

伤口处理：及时对修剪、嫁接等造成的伤口进行处理，防止病菌侵入。

化学防治：在病害发生初期，使用杀菌剂进行喷雾或涂抹防治，控制病情发展。

生物防治：利用生物制剂进行防治，减少化学农药的使用量。

改善环境：加强果园通风透光，降低湿度，减少病菌的滋生条件。

3.1.3　苹果轮纹病

1. 病原与症状

苹果轮纹病由贝伦格葡萄座腔菌（Botryosphaeria berengeriana）等真菌引起，不仅危害果实，还侵染枝干。枝干上的病斑呈瘤状突起，表面粗糙，有明显的轮纹状排列的小黑点，这是病菌的分生孢子器。病斑扩展迅速，可导致枝干皮层腐烂，严重影响树势（图3）。

图 3　苹果轮纹病示例

2. 发病规律与传播途径

苹果轮纹病的发病规律复杂，受多种因素影响。病菌主要通过风雨、昆虫及修剪工具等传播，在树体上形

15

成新的侵染点。此外，病菌还能在病残体上越冬，成为来年病害的初侵染源。

3. 综合防治策略

清除病源：及时清除果园内的病残体，减少越冬菌源。

增强树势：合理施肥、灌溉，增强树体抗病能力。

化学防治：在病害发生前或初期，采用广谱且对轮纹病病菌有效的杀菌剂进行预防或治疗性喷雾，特别是在春季萌芽前和秋季落叶后进行树干涂白或全园喷雾，以杀灭潜伏在树皮缝隙和病残体上的病菌。

生物防治：引入或增强果园内有益微生物的种群，如拮抗菌、木霉菌等，通过竞争营养和空间、产生抗菌物质等方式抑制病菌的生长和繁殖。

农业措施：合理修剪，保持树冠通风透光，减少湿度，降低病害发生的风险。同时，避免在雨季或高湿环境下进行修剪，以减少伤口感染的机会。

品种选择：在可能的情况下，选择对轮纹病具有一定抗性的苹果品种进行栽培，以减少病害的发生和危害。

3.1.4　苹果炭疽病

1. 病原与症状

苹果炭疽病主要由炭疽菌属（Colletotrichum）的真菌引起，虽然以果实受害著称，但在枝干上也可发生。枝干受害时，初期表现为褐色小点，后逐渐扩大成圆形或不规则形病斑，边缘清晰，中央凹陷并产生黑色小点（分生孢子盘）。在潮湿条件下，病斑表面可产生粉红色的分生孢子堆，进一步加重病情。炭疽病在高温高湿的环境下更易发生和扩散（图4）。

图 4　苹果炭疽病示例

2. 发病规律与传播途径

苹果炭疽病的发病与气候条件、树体营养状况及管理水平密切相关。高温高湿是病菌快速繁殖和侵染的有利条件。病菌主要通过风雨、昆虫等传播媒介在果园内传播和扩散。同时，病残体上的越冬菌源也是来年病害的重要初侵染源。

3. 综合防治策略

改善果园环境： 加强果园通风透光，降低湿度，减少病菌滋生条件。在雨季及时排水防涝，避免果园积水。

增强树势： 通过合理施肥、灌溉等措施增强树体营养水平，提高抗病能力。同时加强树体管理，如合理修剪、疏花疏果等，保持树体健壮生长。

化学防治： 在病害发生前或初期使用杀菌剂进行预防或治疗性喷雾。注意药剂的选择和使用方法，确保防治效果并避免药害发生。

生物防治： 利用生物制剂或天敌进行防治，如利用拮抗菌、捕食性昆虫等控制病菌和害虫的繁殖和扩散。

综合防控：将农业措施、化学防治和生物防治等多种手段相结合，形成综合防控体系。通过加强果园管理、改善环境条件、提高树体抗病能力等措施降低病害发生的风险；同时根据病害发生情况和气候条件灵活调整防治策略和方法以确保防治效果。

3.1.5　真菌性病害的综合防控策略

针对上述真菌性病害，应采取综合防控措施。首先，加强果园管理，合理修剪枝条，改善通风透光条件，减少病原菌滋生环境。其次，注重土壤改良和合理施肥，增强树体抵抗力。此外，定期清理果园内的病枝、病叶、病果等病残体，减少病原菌的初次侵染源。在病害高发期，可采用生物防治和化学防治相结合的方法，如释放天敌昆虫、喷洒生物农药或低毒高效化学农药进行防治。同时，注意农药的轮换使用和合理配比，避免病原菌产生抗药性。最后，加强病害监测和预警，及时发现并处理病害，防止其扩散蔓延。

3.2　细菌性病害

　　细菌性病害由细菌引起，其发病速度和传播方式往往比真菌性病害更为迅速和直接。这类病害由各种细菌引起，它们利用植物体内的水分和养分进行繁殖，导致植物组织受损，进而影响果树的生长、开花和结果。这类病害由各类细菌引起，它们通过不同的途径侵入苹果树体，利用植物体内的营养物质进行繁殖，最终导致植物组织受损、生长受阻甚至死亡。以下将对苹果树细菌性病害进行详细阐述，特别是针对苹果火疫病和细菌性溃疡病这两种主要病害，以及其他重要但较为少见的细菌性病害，同时探讨其综合防控策略。

3.2.1　细菌性溃疡病

1. 病害概述

细菌性溃疡病是一种严重影响苹果树生长的细菌性

病害。也称苹果火疫病或疫腐病，该病害的病原菌种类繁多，但主要以假单胞菌属（Pseudomonas）和欧氏杆菌属（Xanthomonas）的某些种类为主。这些病原菌同样通过伤口侵入植物体内，引起枝干和果实的病害症状。

2. 症状表现

在枝干上，细菌性溃疡病初期表现为水渍状的小斑点，随后逐渐扩大并凹陷，形成明显的溃疡面。溃疡面边缘清晰，中央常呈暗褐色或黑色，并伴有少量细菌脓液渗出。随着病情的加重，溃疡面逐渐扩大并相互连接，导致枝干皮层大面积腐烂，严重影响树势和果实品质。在果实上，则表现为水渍状病斑，随后果皮破裂、腐烂，最终果实脱落（图5）。

3. 防控措施

针对细菌性溃疡病的防控措施与火疫病类似，但也需根据其特定的发病特点和病原特性进行适当调整：

图5　细菌性溃疡病示例

增强树体抵抗力：通过合理施肥、科学灌溉等措施增强树体抵抗力，提高其对病原菌的抵抗能力。

减少伤口产生：在修剪、采摘等作业过程中尽量减少伤口产生，避免病原菌通过伤口侵入植物体内。

化学防治与生物防治相结合：根据病害发生情况选择合适的防治方法。在病害初期可采用化学药剂进行防治；同时，也可尝试使用生物制剂进行防治以减少化学农药的使用量。

加强果园卫生管理：定期清理果园内的杂草、落叶等杂物保持果园清洁；及时修剪病枝、病叶并集中处理以减少病原菌的传播途径。

3.2.2　细菌性根癌病

1. 病害概述

细菌性根癌病主要由土壤中的根癌土壤杆菌（Agrobacterium tumefaciens）引起，是一种通过根系伤口侵入的病害。该病原菌在土壤中广泛存在，能够侵染多种果树及农作物，对苹果树而言，主要危害其根部和根茎部。

2. 症状表现

受害部位初期形成光滑的小瘤状物，随后逐渐增大并变得粗糙不平，颜色也由乳白色转为深褐色。这些瘤状物不仅影响根系的正常吸收功能，还可能导致根系腐烂，进而影响整株树的生长和发育。在严重的情况下，会导致树势衰弱、叶片黄化、果实品质下降甚至整株死亡（图6）。

图 6　细菌性根癌病

3. 防控措施

土壤管理：改善土壤环境，增加土壤有机质含量，提高土壤透气性，有利于根系生长和抵抗病原菌的侵染。

种苗处理：在移栽前对种苗进行严格的检疫和消毒处理，防止带病种苗进入果园。

生物防治：利用拮抗菌等有益微生物抑制病原菌的生长繁殖。

化学防治：在病害初期可采用铜制剂等杀菌剂进行灌根处理，但需注意控制药剂用量和浓度，避免对根系造成二次伤害。

3.3　病毒性病害

病毒性病害由病毒引起，具有潜伏期长、传播速度快、难以根治等特点，对苹果树的生长、发育和果实品质构成严重威胁。以下将详细探讨苹果锈果病、苹果花叶病以及病毒性病害的传播机制与防控难点，并提出相应的防控策略。

3.3.1　苹果锈果病

1. 病害概述

苹果锈果病作为一种典型的病毒性病害，主要危害苹果树的果实，但也能通过嫁接等方式间接影响枝干。该病害的病原病毒属于潜隐性病毒的一种，能够在树体内长期潜伏而不显症，直到环境条件适宜时才突然爆发。锈果病的发生不仅导致果实表面产生难看的锈斑状凸起，严重影响果实的外观品质和商品价值，还可能引发果实内部组织的病变，降低果实的食用价值和营养价值。

2. 症状表现

锈果病的症状主要集中在果实上。包括锈果型、花脸型和复合型（锈果－花脸型）三种。锈果型在果实顶部产生淡绿色水渍状病斑，逐渐沿果实纵向扩展，形成木质化铁锈色条斑；花脸型在果实着色后散生许多近圆形的黄白色斑块，致使红色品种成熟后果面散生白斑或呈红、黄色相间的花脸状；复合型则同时表现出锈果型和花脸型的特征（图7）。

3. 传播途径

苹果锈果病的传播方式多样且复杂。其中，嫁接传播是最主要的途径之一。带有病毒的接穗或砧木在嫁接过程中会将病毒传递给健康植株，导致病害的扩散和蔓延。此外，修剪工具、采摘工具等也可能成为病毒的传播媒介。当这些工具在使用过程中接触到病株后再接触健康植株时，就可能将病毒传播给后者。此外，土壤、水源等也可能成为病毒的间接传播途径。

（a）锈果型

（b）花脸型

图 7　苹果锈果病症状示例

4. 防控难点

由于病毒无细胞结构且寄生在植物细胞内进行复制和增殖，因此对化学药剂的敏感性较低甚至不敏感。这使得传统的化学防治方法在锈果病的防控中效果有限甚至无效。此外，病毒具有高度的变异性和潜伏性，能够在植物体内长期潜伏而不显症或症状轻微难以察觉。这使得果农难以及时发现并处理病株从而错过了最佳防控时机。因此，针对锈果病的防控工作需要采取综合性的措施从多个方面入手进行防控。

5. 防控措施

加强检疫与监测： 建立健全的检疫制度和监测网络对引进的种苗、接穗等材料进行严格检疫防止带毒材料进入果园。同时定期对果园进行巡查和监测及时发现并处理病株防止病害的扩散和蔓延。

培育抗病品种： 利用现代生物技术手段如基因工程等培育具有抗病性的苹果新品种从根本上提高果树对锈果病的抵抗能力。这是解决锈果病问题的根本途径之一。

加强果园管理：通过合理施肥、科学灌溉等措施增强树体抵抗力提高果树对病毒的抵抗能力。同时加强果园的清洁卫生工作及时清除病枝、病叶、病果等病残体减少病毒基数降低病害发生风险。

物理与生物防治：利用热处理、辐射处理等方法对种苗、接穗等进行消毒处理杀灭附着在表面的病毒。此外还可以利用天敌微生物或生物制剂等生物防治手段来抑制病毒的繁殖和扩散。

农业措施调整：调整果园的种植布局和种植密度避免过于密集的种植导致病毒在植株间的快速传播。同时采用合理的修剪方式减少伤口产生降低病毒的侵染机会。

3.3.2 苹果花叶病

1. 病害概述

苹果花叶病是一种常见的病毒性病害，其病原病毒同样属于潜隐性病毒的一种。该病主要危害苹果树的叶片，但也会对树势和果实产量造成一定影响。花叶病的发生导致叶片上出现黄绿相间的斑驳状花纹，严重时整株叶片变形、皱缩甚至脱落，严重影响树体的光合作用和营养物质的积累。

2. 症状表现

花叶病的症状主要集中在叶片上。发病初期叶片上可能出现微小的黄绿色斑点或条纹，随着病情的加重，这些斑点或条纹逐渐扩大并融合成斑驳状花纹。在严重的情况下，整个叶片都会变成黄绿色相间，甚至全叶变黄或变白失去正常的绿色。此外受害叶片还可能出现变形、皱缩、卷曲等现象，严重时导致叶片脱落，影响树体的正常生长和发育（图8）。

图 8　苹果花叶病示例

3. 传播途径与防控难点

苹果花叶病的传播途径与锈果病相似，主要通过嫁接、修剪工具等途径进行传播。同样，由于病毒无细胞结构对化学药剂不敏感，因此防控难度较大。此外花叶病的发生还受到环境因素的影响如高温、干旱等不利条件会加剧病害的发生和发展。因此针对花叶病的防控工作需要综合考虑多种因素采取综合性的措施进行防控。

4. 防控措施

针对苹果花叶病的防控，我们需要采取一系列综合性的策略，以最大限度地减少病害的发生和传播，保障苹果树的健康生长和果实的优质高产。

加强病害监测与预警

建立花叶病的监测体系，定期对果园进行巡查，特别是在新叶生长期和病害高发期，要密切关注叶片的变化情况。一旦发现疑似症状，应立即进行病原鉴定，并采取相应的防控措施。同时，利用现代信息技术，如遥感监测、大数据分析等，建立病害预警系统，提前预测病害发生趋势，为科学防控提供依据。

实施严格的检疫制度

对引进的种苗、接穗等繁殖材料进行严格的检疫，防止带毒材料进入果园。加强对果园周边环境的监测，防止外来病毒通过自然传播方式进入果园。此外，果园内的修剪工具、采摘工具等应定期进行消毒处理，防止工具成为病毒的传播媒介。

培育和应用抗病品种

利用基因工程技术或传统育种方法，培育具有花叶病抗性的苹果新品种。这些品种能够在一定程度上抵抗病毒的侵染和复制，从而减轻病害的发生程度。同时，积极推广和应用抗病品种，逐步替换易感品种，提高果园的整体抗病能力。

优化果园管理

通过合理的施肥、灌溉和修剪等措施，增强树体的营养水平和生长势，提高树体对病毒的抵抗能力。合理控制果园的种植密度和通风透光条件，减少病毒在植株间的传播机会。及时清除果园内的杂草、病残体等，减少病毒的滋生和繁殖场所。

生物防治与生态调控

利用天敌微生物或生物制剂等生物防治手段来抑制病毒的繁殖和传播。例如，可以利用某些病毒抑制因子或病毒抗体来干扰病毒的复制过程，从而降低病害的发生程度。此外，通过调整果园的生态系统结构，增加果园生物多样性，利用天敌昆虫等自然因素来控制害虫和病毒的传播媒介，实现生态调控和病害防控的有机结合。

化学防治与物理防治

虽然病毒对化学药剂的敏感性较低，但在病害严重发生时仍需采用化学防治手段来控制病情发展。可以选择一些对病毒有一定抑制作用的化学药剂进行喷施处理，但需注意药剂的选择和使用浓度以避免对树体造成损害。此外物理防治手段如热处理、辐射处理等也可用于种苗和接穗的消毒处理以减少带毒材料的使用。

3.4 非侵染性病害

在苹果树栽培管理中，除了由生物病原体引发的侵染性病害外，非侵染性病害同样不容忽视。这类病害并非由细菌、真菌、病毒或线虫等微生物直接引起，而是由于不良的环境条件、土壤状况、栽培管理措施不当或树体自身的生理失衡等因素所致。非侵染性病害的发生往往具有普遍性、突发性和可预测性等特点，其防治策略也更加注重于改善环境条件、优化管理措施和调整树体营养等方面。以下将详细探讨生理性病害及环境胁迫引起的非侵染性病害的具体表现、成因及防治策略。

3.4.1　生理性病害

1. 概述

生理性病害是苹果树非侵染性病害中的一大类，它们主要源于树体内部生理活动的失衡或异常。这类病害的发生往往与土壤养分状况、水分管理、光照条件、温度控制以及树体自身的生理机能密切相关。由于不涉及生物病原体的侵染过程，生理性病害的症状表现往往具有一定的规律性和可预测性。

2. 缺素症

缺素症是苹果树生理性病害中最为常见的一种，主要是由于土壤中缺乏某些必需营养元素或元素间比例失衡所致。常见的缺素症包括缺铁性黄叶病、缺钙引起的苦痘病、缺镁导致的叶脉间失绿等。这些病害不仅会影响叶片的光合作用能力，降低树体的营养水平，还会进一步影响果实的品质和产量。

缺铁性黄叶病：表现为新梢幼叶黄化，叶脉间呈黄白色或黄绿色，严重时叶片呈黄白色或白色，并出现枯斑或坏死。防治上，可通过增施有机肥、改良土壤结构、叶面喷施铁肥等措施来补充铁元素，改善土壤环境（图9）。

图9 缺铁性黄叶病示例

缺钙引起的苦痘病：主要发生在果实上，表现为果皮下陷形成病斑，病斑中心有褐色小圆点，病斑下果肉坏死干缩呈海绵状。防治上，应注重土壤钙肥的补充，合理施用石灰或石膏等钙肥，同时加强果园排水管理，防止土壤过湿（图10）。

缺镁导致的叶脉间失绿：初期表现为老叶叶脉间失绿黄化，逐渐向叶缘发展，形成黄绿色或黄白色斑块，

严重时叶片全部黄化。防治上，可叶面喷施镁肥，同时
结合土壤施肥补充镁元素，注意调整土壤酸碱度以促进
镁的吸收（图 11）。

图 10　缺钙引起的苦痘病示例

图 11　缺镁导致的叶脉间失绿示例

3. 日灼病

日灼病是苹果树在高温、强光条件下易发生的一种生理性病害。它主要是由于阳光直射导致树体局部温度过高，进而损伤组织细胞引起的。日灼病多发生在果实向阳面，初期表现为果皮褪绿变白，随后出现褐色或黑色坏死斑，严重时整个果实都会受到影响。防治上，可采取遮阳网覆盖、果实套袋、合理修剪等措施来减少阳光直射，降低树体温度。同时，加强果园水分管理，保持土壤湿润也有助于减轻日灼病的发生（图12）。

图 12 日灼病示例

3.4.2　环境胁迫引起的病害

1. 低温冻害

低温冻害是苹果树在冬季或早春遭受低温侵袭时易发生的一种非侵染性病害。它主要是由于气温骤降导致树体组织细胞结冰膨胀而受损引起的。低温冻害不仅会影响树体的正常生长和发育，还会降低果实的品质和产量。受害部位多表现为枝条干枯、树皮开裂、花芽冻死等症状。防治上，可采取培土防寒、树干涂白、熏烟增温等措施来提高树体抗寒能力。同时，在冬季来临前及时灌溉封冻水并施加越冬肥以增强树势和提高树体储备营养。

2. 高温干旱

高温干旱是苹果树在夏季常遇到的一种不利环境条件。长时间的高温干旱会导致土壤水分蒸发加剧、树体蒸腾作用增强从而引发一系列非侵染性病害如叶片萎蔫、落果、果实日灼等。此外高温干旱还会加剧树体内部的生理失衡如加剧呼吸作用消耗营养物质等。防治上，应采取及时灌溉补水、叶面喷施抗旱剂等措施来保持土壤湿润和降低树体蒸腾作用。同时加强果园遮阴和通风管理以降低果园温度。

3. 土壤盐碱化

土壤盐碱化是苹果树栽培中常见的一种土壤问题。盐碱化土壤中的盐分和碱性物质过多会抑制树体对养分的吸收和利用从而引发一系列非侵染性病害如叶片黄化、生长缓慢等。此外盐碱化土壤还会破坏土壤结构降低土壤肥力。防治上应采取改良土壤结构、增施有机肥等措施来降低土壤盐分和碱性物质含量。同时合理灌溉和排水以减少盐分在土壤中的积累。在盐碱化严重的地区，可以考虑选择耐盐碱的苹果品种进行栽培，或者通过土壤改良技术，如施加石膏、硫酸亚铁等酸性物质来中和土壤碱性，降低土壤pH值。

4. 水分管理不当

水分是苹果树生长不可或缺的要素，但过多或过少的水分都会对树体造成不良影响，引发非侵染性病害。过湿的环境容易导致根系缺氧，引发烂根病，同时促进病原菌的滋生；而过干则会使树体蒸腾作用增强，叶片萎蔫，影响光合作用和营养物质的积累。因此，科学的水分管理至关重要。应根据苹果树的生长阶段、土壤类型、气候条件等因素制定合理的灌溉计划，确保土壤保持适宜的湿度。同时，加强排水系统的建设，防止果园积水，降低病害发生的风险。

5. 土壤污染

随着工业化和城市化进程的加快，土壤污染问题日益严重，对苹果树的生长构成了潜在威胁。重金属、农药残留、塑料微粒等污染物进入土壤后，会破坏土壤结构，影响土壤微生物的活性，进而干扰树体的正常生理功能。长期受污染的土壤会导致苹果树生长受阻、果实品质下降，甚至引发一系列非侵染性病害。防治上，应加强土壤环境监测，及时发现并处理污染源；采用生物修复、化学修复等土壤修复技术，降低土壤污染程度；

推广绿色农业技术，减少化肥农药的使用量，保护土壤生态环境。

3.4.3 综合防治策略

针对非侵染性病害的复杂性和多样性，需要采取综合性的防治策略。首先，加强果园的基础设施建设，包括灌溉系统、排水系统、遮阴设施等，为苹果树提供适宜的生长环境。其次，注重土壤管理，通过改良土壤结构、增施有机肥、合理施肥等措施提高土壤肥力，增强树体的抗病能力。同时，加强病虫害的监测预警工作，及时发现并处理潜在的非侵染性病害风险点。在防治过程中，应坚持预防为主、综合防治的原则，注重生物防治、物理防治和化学防治的有机结合，避免过度依赖化学农药对环境和树体造成的不良影响。此外，加强科研投入和技术创新，不断探索新的防治技术和方法，提高非侵染性病害的防控水平。

总之，非侵染性病害对苹果树的生长和果实产量具有重要影响。为了保障苹果产业的可持续发展，必须高度重视非侵染性病害的防控工作。通过改善环境条件、优化管理措施、加强科研创新等综合措施的实施，可以有效降低非侵染性病害的发生风险，提高苹果树的生长质量和果实品质，为果农创造更大的经济效益。

第4章

苹果枝干
病害防控策略

苹果作为全球广泛种植的重要果树之一，其产量与品质直接关系到果农的经济收益及消费者的健康需求。然而，苹果枝干病害作为影响苹果树健康生长和果实产量的重要因素，一直是果树管理中不可忽视的问题。本章将详细探讨苹果枝干病害的防控策略，包括农业防治、生物防治、化学防治和物理防治四大方面，以期为苹果树的健康管理和病害防控提供科学依据。

4.1　农业防治

农业防治是苹果枝干病害防控的基础，通过改善果园生态环境，增强树体抗性，减少病害发生条件，从而达到预防和控制病害的目的。

4.1.1　合理修剪与整形

合理的修剪与整形是苹果树管理的重要环节，不仅能改善树体结构，提高光能利用率，还能促进通风透光，减少病害发生。修剪时应遵循"去弱留强、去密留稀、去病留健"的原则，及时剪除病枝、弱枝、过密枝和徒长枝，保持树冠通风透光良好。同时，根据树龄、树势和品种特性，采用适宜的树形结构，如自由纺锤形、细长纺锤形等，以提高树体抗性和果实品质。

4.1.2 肥水管理

科学的肥水管理是增强树体抗性、预防病害的重要措施。应根据苹果树的生长规律和土壤条件，合理施肥，注重有机肥与无机肥的结合，平衡氮、磷、钾等营养元素的比例，避免偏施氮肥导致树体徒长、易感病。同时，根据天气情况和土壤墒情，适时灌溉，保持土壤湿润，但避免积水，以减少病害发生。

4.1.3 清除病原

及时清除果园内的病枝、病叶、病果和枯枝落叶等病残体，集中烧毁或深埋处理，减少病原菌的越冬基数和初侵染源。此外，还应加强果园的清洁工作，定期铲除果园周围的杂草和灌木，减少病虫害的滋生场所。

4.2　生物防治

生物防治是利用生物或其代谢产物来防治病害的方法，具有环保、安全、可持续等优点。

4.2.1　拮抗菌与微生物制剂

拮抗菌是指能够抑制或杀死病原菌的微生物，通过筛选和应用具有高效拮抗作用的菌株，可以有效控制苹果枝干病害的发生。微生物制剂则是将拮抗菌加工成制剂，便于在果园中推广应用。目前，已有多种拮抗菌和微生物制剂被用于苹果枝干病害的生物防治，如枯草芽孢杆菌、木霉菌等，取得了良好的效果。

4.2.2 天敌昆虫与捕食性动物

天敌昆虫和捕食性动物是自然界中控制害虫种群数量的重要因素，通过保护和利用这些天敌资源，可以间接减少害虫对苹果树的危害，从而降低病害的发生概率。例如，利用瓢虫、草蛉等天敌昆虫控制蚜虫等害虫的种群数量，减少害虫对树体的损伤和病原菌的入侵机会。

4.3 化学防治

化学防治是苹果枝干病害防控的重要手段之一，具有见效快、效果好等优点。但过量或不当使用农药会导致环境污染、农药残留和生态破坏等问题，因此必须科学合理使用。

4.3.1 药剂选择与使用原则

在药剂选择上，应根据病害种类、病原菌特性及发生规律，选用高效、低毒、低残留、环境友好的农药品种。同时，遵循"预防为主，综合防治"的原则，合理确定用药时机和用药量，避免盲目用药和过量用药。

4.3.2　防治时期与施药方法

防治时期的选择对化学防治效果至关重要。应根据病害的预测预报结果和田间观察情况，确定最佳防治时期。施药方法应根据药剂特性和树体生长情况而定，可采用喷雾、涂抹、注射等多种方式。在施药过程中，应注意均匀喷洒，确保药剂覆盖到所有需要防治的部位。

4.3.3　农药残留与环境安全

农药残留是影响果品质量和安全的重要因素之一。因此，在化学防治过程中，必须严格控制农药的使用量和使用次数，确保农药残留量符合国家标准。同时，加强农药包装废弃物的回收和处理工作，防止农药对环境造成污染和破坏。

4.4 物理防治

物理防治是利用物理方法控制病害的一种手段，具有环保、安全、易操作等优点。

4.4.1 热处理与冷冻处理

热处理是通过高温杀死病原菌或抑制其生长的方法。在苹果枝干病害防控中，可以利用高温蒸汽或热水对病枝进行处理，达到消毒灭菌的效果。但需要注意的是，热处理温度和时间必须严格控制，以免对树体造成损伤。冷冻处理则是利用低温环境来抑制病原菌的生长和繁殖。对于某些对低温敏感的病原菌，通过冷冻处理可以有效减少其在枝干上的存活率，从而降低病害的发生。然而，这种方法在实际应用中需要考虑到苹果树的耐寒性和冷冻处理对树体可能造成的伤害。

4.4.2　阻隔与隔离技术

阻隔与隔离技术是通过物理手段将病原菌与苹果树体隔离开来，防止其直接侵染。例如，在果园周围建立防护林带，可以减少风传病害的传播；在树干上涂抹保护剂或包裹保护膜，可以形成一层物理屏障，阻止病原菌的侵入。此外，还可以通过套袋技术来保护果实，防止病原菌通过果实伤口或气孔侵入，从而减轻枝干病害对果实的间接影响。

综上所述，苹果枝干病害的防控策略应综合考虑农业防治、生物防治、化学防治和物理防治等多种手段，形成一套科学合理的综合防控体系。在实际应用中，应根据病害发生情况、果园环境条件以及果农的经济承受能力等因素，灵活选择和应用适当的防控措施，以达到经济、有效、环保的防控效果。同时，还应加强果园的日常管理，提高果农的病害防控意识和技能水平，为苹果产业的可持续发展提供有力保障。

　　值得注意的是，随着科技的进步和人们对农产品质量安全的关注不断提高，未来苹果枝干病害的防控将更加注重绿色、生态、可持续的发展方向。因此，在研究和推广新的防控技术时，应充分考虑其环保性、安全性和可持续性，为苹果产业的绿色转型和高质量发展贡献力量。

第 5 章
典型病例分析与防控实践

在苹果种植过程中，枝干病害的防控是确保果树健康生长和优质高产的关键环节。本章将通过典型病害案例的分析，探讨防控技术的集成与应用，并对防控效果进行评估与反馈，以期为苹果种植者提供实用的参考和指导。

5.1 典型病害案例分析

5.1.1 苹果腐烂病案例分析

- **病例描述**：苹果腐烂病，又称烂皮病，是苹果枝干上的一种重要病害，主要由弱寄生菌引起，常在树势衰弱、伤口多、管理粗放的果园中发生严重。该病害主要危害主干、大枝及小枝，造成树皮腐烂、枝干枯死，严重时甚至导致整株死亡。

- **病因分析**：苹果腐烂病的发生与多种因素有关，包括树势衰弱、养分不足、修剪不当、伤口处理不及时、果园湿度大、病原菌积累等。其中，树势衰弱是导致病害发生的主要原因，因为弱寄生菌更倾向于侵染抵抗力差的树体。

- **防控措施：**针对苹果腐烂病，应采取综合防控措施。首先，加强果园管理，合理施肥，增强树势，提高树体抗性。其次，科学修剪，避免造成过多伤口，并及时对伤口进行处理，如涂抹保护剂，防止病原菌侵入。此外，还应注重果园通风透光，降低湿度，减少病原菌的滋生环境。在病害发生时，可采用化学防治和生物防治相结合的方法，选用高效、低毒的农药进行防治，并尝试使用拮抗菌等生物制剂进行生物防治。

5.1.2　苹果轮纹病案例分析

- **病例描述：**苹果轮纹病是一种常见的苹果枝干病

害，主要危害枝干和果实。在枝干上，轮纹病初期表现为红褐色小斑点，逐渐扩大形成圆形或近圆形病斑，病斑中央稍凹陷，边缘隆起呈瘤状，后期病斑上产生黑色小粒点，即病原菌的分生孢子器。果实受害后，在皮孔附近形成水渍状褐色小斑点，逐渐扩大并渗入果肉，导致果实腐烂。

● **病因分析**：苹果轮纹病的发生与病原菌的侵染、果园管理不善、树势衰弱等因素有关。病原菌主要通过风雨、昆虫等传播，从伤口或皮孔侵入树体。果园湿度大、通风不良、修剪不当等条件有利于病原菌的滋生和扩散。

● **防控措施**：针对苹果轮纹病，同样需要采取综合防控措施。首先，加强果园管理，改善通风透光条件，降低湿度，减少病原菌的滋生环境。其次，注重树体保护，避免造成伤口，并及时对伤口进行处理。在病害发生前或初期，可选用合适的药剂进行预防或治疗，如喷洒保护性杀菌剂或内吸性杀菌剂。此外，还可以尝试使用生物防治方法，如利用拮抗菌等微生物制剂进行防治。

5.2　防控技术集成与应用

在苹果枝干病害的防控实践中，单一的防控措施往往难以达到理想的效果。因此，需要将多种防控技术集成起来，形成一套科学、合理、高效的防控体系。

5.2.1　农业防治与生物防治的结合

农业防治是防控病害的基础，通过加强果园管理、合理施肥、科学修剪等措施，可以增强树势、提高树体抗性、减少病原菌的侵染机会。而生物防治则是一种环保、安全的防控手段，利用生物或其代谢产物来防治病害。将农业防治与生物防治结合起来，可以在减少化学农药使用的同时，有效控制病害的发生。例如，在果园管理中注重树体保护、减少伤口产生，并结合使用拮抗菌等生物制剂进行防治。

5.2.2 化学防治的精准应用

化学防治是防控病害的重要手段之一，但过量或不当使用农药会导致环境污染、农药残留等问题。因此，在化学防治中应坚持精准用药的原则，根据病害发生情况、病原菌特性及农药特性等因素，合理确定用药时机、用药量和用药方法。同时，应优先选择高效、低毒、低残留的农药品种，并严格按照农药使用说明进行操作。此外，还可以通过轮换用药、混合用药等方式来延缓病原菌抗药性的产生。

5.2.3 物理防治的辅助作用

物理防治是一种安全、环保的防控手段，可以通过热处理、冷冻处理、阻隔与隔离等技术来控制病害的发生。虽然物理防治在实际应用中有一定的局限性，但在某些特定情况下可以发挥重要作用。例如，在病害发生初期或局部发生时，可以采用热处理或冷冻处理来消灭病原菌；在果园周围建立防护林带或涂抹保护剂来阻隔病原菌的传播等。

5.3　防控效果评估与反馈

防控效果评估是检验防控措施是否有效的重要手段。通过对防控效果的评估与反馈，可以及时调整防控策略、优化防控措施，从而提高防控效果，保障苹果树的健康生长。

5.3.1　评估指标与方法

防控效果评估需要设定明确的评估指标，以便量化防控措施的效果。常见的评估指标包括病害发病率、病情指数、果实产量和品质、树势恢复情况等。评估方法则多种多样，包括田间观察记录、病害调查统计、果实品质检测等。

- 病害发病率与病情指数：通过定期在果园内设置调查点，记录病害发生情况，计算发病率（发病植株数/总调查植株数）和病情指数（根据病害严重程度分级，计算加权平均数）。这些指标能够直观反映防控措施对病害的控制效果。

- 果实产量与品质：在果实成熟期，对处理区和对照区的果实进行采摘，测定产量，并检测果实的外观品质（如大小、色泽、果形等）和内在品质（如可溶性固形物含量、硬度、风味等）。通过比较处理区和对照区的果实产量与品质差异，评估防控措施对果实产量的提升作用和对果实品质的改善效果。

- 树势恢复情况：通过观察树体生长状况、叶片颜色、枝条生长量等指标，评估树势的恢复情况。健康的树体具有更强的抗病能力和生长潜力，是防控效果良好的重要标志。

5.3.2 反馈与调整

在评估结果出来后，应及时进行反馈与调整。对于防控效果显著的措施，应总结经验，加以推广；对于防控效果不理想的措施，应深入分析原因，找出问题所在，并采取相应的调整措施。

- 总结经验：对于防控效果显著的措施，如合理的修剪整形、科学的肥水管理、有效的生物防治和化学防治等，应总结其成功经验，形成标准化的操作规程，供其他果园参考借鉴。

- **问题剖析**：对于防控效果不理想的措施，应深入剖析其失败原因。可能是防控措施本身存在缺陷，如药剂选择不当、施药方法不合理等；也可能是果园管理存在问题，如树势衰弱、通风透光不良等。只有找到问题的根源，才能有针对性地制定改进措施。

- **调整策略**：根据评估结果和问题剖析，及时调整防控策略。可以优化防控措施的组合方式，提高防控效果；也可以针对果园管理中的薄弱环节进行加强，如加强树体保护、改善果园环境等。同时，还应关注新的防控技术和方法的发展动态，及时引进和应用新技术、新方法，提高防控水平。

5.3.3 持续改进与创新

　　防控效果评估与反馈是一个持续的过程。随着苹果种植环境的变化和病原菌种群结构的变化，防控措施也需要不断调整和优化。因此，应建立长效的防控效果评估与反馈机制，定期对防控效果进行评估和反馈，并根据评估结果及时调整防控策略。同时，还应鼓励和支持防控技术的创新研究，探索更加高效、环保、可持续的防控方法和技术手段，为苹果产业的健康发展提供有力保障。

总之，通过典型病例分析与防控实践的结合，可以深入了解苹果枝干病害的发生规律和防控技术要点；通过防控效果的评估与反馈机制的建立和实施，可以不断优化防控策略和技术措施；通过持续改进与创新的研究和实践探索，可以推动苹果枝干病害防控技术的不断进步和发展。

第6章

苹果枝干病害防控技术展望

在苹果种植业中，枝干病害的防控不仅是保障果树健康生长、提高果实品质与产量的关键环节，也是推动农业可持续发展、实现绿色生态种植的重要目标。随着科技的进步和人们对农产品质量安全及环境保护要求的提高，苹果枝干病害防控技术正面临着新的机遇与挑战。本章将从新技术、新方法的探索与应用、防控策略的优化与调整以及病虫害绿色防控体系的建立三个方面，对苹果枝干病害防控技术的未来发展趋势进行展望。

6.1　新技术、新方法的探索与应用

6.1.1　基因编辑与抗病育种

基因编辑技术，特别是CRISPR/Cas9等先进技术的出现，为苹果抗病育种开辟了新途径。通过精准编辑苹果基因组中的特定基因，可以培育出具有广谱抗性或针对特定病害的抗性品种。例如，针对已知的苹果枝干病害致病基因，可以设计基因编辑策略，使苹果树体获得对这些病原菌的先天免疫能力。此外，利用分子标记辅助选择等技术，可以加速抗病品种的选育进程，提高育种效率。

6.1.2　生物防治技术的创新

生物防治作为一种环保、安全的防控手段，在苹果枝干病害防控中具有巨大潜力。未来，生物防治技术的创新将集中在以下几个方面：一是挖掘更多具有高效拮抗作用的微生物资源，包括细菌、真菌、放线菌等，通过优化培养条件和发酵工艺，提高生物制剂的稳定性和防治效果；二是研究微生物与病原菌之间的相互作用机制，揭示其抗病机理，为生物防治提供理论依据；三是开发新型生物制剂剂型，如纳米制剂、缓释制剂等，延长生物制剂的持效期，减少使用次数。

6.1.3　智能化监测与预警系统

随着物联网、大数据、人工智能等技术的快速发展，智能化监测与预警系统将成为苹果枝干病害防控的重要手段。通过在果园内布置传感器网络，实时监测果园环境参数（如温度、湿度、光照强度等）和树体生长状况（如叶片颜色、枝条生长量等），结合历史病害发生数据和气象预测信息，构建病害发生预测模型，实现病害的早期预警和精准防控。此外，智能化系统还可以与无人机、智能喷雾机等设备联动，实现病害防治的自动化和智能化。

6.2　防控策略的优化与调整

6.2.1　综合防控策略的制定

面对日益复杂的病害发生环境和病原菌变异趋势，单一的防控措施往往难以取得理想效果。因此，制定综合防控策略成为必然选择。综合防控策略应综合考虑农业防治、生物防治、化学防治等多种手段的优势和局限性，根据果园实际情况和病害发生特点，制定科学合理的防控方案。同时，还应注重防控措施的协同作用，通过优化组合和时序安排，提高防控效果。

6.2.2 精准施药技术的推广

精准施药技术是实现农药减量增效、保护生态环境的重要途径。通过应用无人机、智能喷雾机等现代化设备，结合果园环境参数和树体生长状况数据，实现农药的精准投放和靶向施药。这不仅可以减少农药用量和施药次数，降低农药残留和环境污染风险，还可以提高防治效果和经济效益。

6.2.3 防控策略的动态调整

由于病害发生受多种因素影响且具有不确定性，防控策略需要根据实际情况进行动态调整。一方面，要密切关注病害发生动态和病原菌种群结构变化，及时调整防控措施和用药方案；另一方面，要加强与科研机构和高等院校的合作与交流，及时引进和应用新技术、新方法，提高防控水平。

6.3　病虫害绿色防控体系的建立

6.3.1　绿色防控理念的普及

绿色防控体系是以生态调控为基础、以生物防治为重点、以理化诱控为辅助、以科学用药为保障的病虫害防控体系。要建立绿色防控体系，首先需要普及绿色防控理念，提高果农的环保意识和可持续发展观念。通过宣传教育、技术培训等方式，引导果农转变传统防控观念，树立绿色防控意识。绿色防控体系，作为现代农业可持续发展的重要组成部分，其核心理念在于平衡生态、减少化学干预、促进生物多样性，从而实现病虫害的有效控制与环境保护的双重目标。这一体系以生态调控为基础，强调通过优化果园生态环境来增强果树自身抵抗力；以生物防治为重点，利用天敌昆虫、微生物制剂等自然力量对抗病虫害;以理化诱控为辅助,采用灯光、色板、性诱剂等物理和化学手段诱杀害虫;以科学用药为保障,在必要时选用低毒、低残留农药,并严格控制使用量和频次。

要建立和完善绿色防控体系,首要任务是普及绿色防控理念,让这一先进理念深入人心,成为广大果农的自觉行动。为此,建议可以采取多种措施,包括但不限于:

1. **加强宣传教育**:利用电视、广播、网络、宣传册等多种渠道,广泛宣传绿色防控的意义、好处和成功案例,提高果农对绿色防控的认知度和接受度。同时,通过举办讲座、研讨会等形式,邀请专家学者讲解绿色防控知识,解答果农疑问,增强他们的信心和决心。

2. **开展技术培训**:组织专业技术人员深入果园,对果农进行面对面的技术培训,传授绿色防控技术要领和操作方法。通过现场示范、实操演练等方式,让果农亲身体验绿色防控的效果和优势,激发他们的学习兴趣和积极性。

3. **建立示范点**：在苹果主产区建立绿色防控示范点或示范园，展示绿色防控技术的实际应用效果。通过示范点的引领作用，带动周边果农学习和模仿，形成良好的示范效应和带动作用。

4. **政策引导与扶持**：政府应出台相关政策措施，对采用绿色防控技术的果农给予资金补贴、税收优惠等扶持，降低他们的经济负担和风险。同时，建立绿色农产品认证制度，提高绿色防控果品的市场竞争力和附加值，激励更多果农参与绿色防控实践。

通过上述措施的实施，我们可以有效普及绿色防控理念，提高果农的环保意识和可持续发展观念，为建立绿色防控体系奠定坚实的思想基础和社会基础。

6.3.2 生态调控技术的应用

生态调控技术是通过调节果园生态系统内部关系来抑制病虫害发生的技术措施。在苹果枝干病害防控中，可以通过合理密植、间作套种、生草覆盖等方式改善果园微环境；通过科学修剪、疏花疏果等方式调节树体营养分配；通过利用天敌昆虫、害虫诱集植物等方式构建生态平衡。这些措施有助于增强树体抗性、减少病原菌滋生环境、降低害虫种群密度。生态调控技术，作为一种自然且环保的病虫害管理策略，其核心在于巧妙利用果园生态系统内部的相互作用与平衡机制，以实现对苹果枝干病害的有效防控。在具体实践中，这一技术涵盖了多个方面的综合措施，旨在营造一个不利于病害发生而有利于果树健康生长的环境。

1. 通过合理密植与间作套种，我们可以优化果园的空间布局，确保每棵果树都能获得充足的光照和通风条件，从而减少湿度积聚，降低病原菌滋生的风险。同时，间作套种还能引入多样化的植物种类，增加果园生态系统的复杂性，为天敌昆虫提供更多栖息地和食物来源，进一步促进生态平衡。

2. 生草覆盖技术的应用，不仅能够有效抑制杂草生长，减少土壤水分蒸发，还能通过覆盖物分解增加土壤有机质含量，改善土壤结构，为果树根系创造更加有利的生长环境。此外，生草覆盖还能减少土壤裸露面积，降低病原菌通过土壤传播的可能性。

3. 在科学修剪与疏花疏果方面，合理的修剪可以调整树形结构，改善树冠内的通风透光条件，减少病虫害的藏匿空间。而疏花疏果则能确保果树负载合理，避免树体营养过度消耗，从而增强树势，提高果树的抗病能力。

4. 利用天敌昆虫和害虫诱集植物是生态调控技术中的重要组成部分。通过人工释放天敌昆虫或保护自然天敌，可以形成对害虫种群的有效控制。同时，种植害虫诱集植物，利用其特定气味或形态吸引害虫并集中消灭，也是减少害虫对果树危害的有效手段。这些措施共同构建了一个以自然调控为主的生态平衡体系，为苹果枝干病害的防控提供了强有力的支持。

6.3.3　绿色防控模式的推广

绿色防控模式是将多种绿色防控技术集成起来，形成的一种高效、环保且可持续的病虫害管理体系。这一模式不仅能够有效控制苹果枝干病害的发生与蔓延，还能最大限度地减少化学农药的使用，保护生态环境，促进农业绿色发展。未来，建议应大力推广以生态调控为基础、以生物防治为重点、以理化诱控为辅助、以科学用药为保障的绿色防控模式，具体推广策略如下：

1. 建立绿色防控示范园

首先，在烟台及蓬莱等苹果主产区，选择具有代表性的果园建立绿色防控示范园。通过在这些园区内全面实施绿色防控技术，包括优化果园生态环境、种植天敌植物、释放天敌昆虫、使用生物农药、设置理化诱控装置等，展示绿色防控模式的实际效果和优势。示范园的成功案例将成为周边果农学习和借鉴的典范，带动整个区域的绿色防控技术推广。

2. 加强技术培训与指导

针对果农对绿色防控技术了解不足、应用不熟练的问题，应定期组织技术培训与指导活动。邀请农业技术专家、科研人员及有经验的果农，通过现场教学、视频讲解、发放技术资料等方式，向广大果农普及绿色防控知识，传授实用技术。同时，建立技术服务团队，为果农提供一对一的指导和咨询服务，解决他们在应用绿色防控技术过程中遇到的问题。

3. 加大政策扶持与激励力度

为了推动绿色防控模式的广泛应用，政府应出台相关政策措施，对采用绿色防控技术的果园给予资金补贴、税收优惠等扶持。同时，设立绿色防控技术创新奖励基金，鼓励科研机构和企业研发新型绿色防控产品和技术。此外，还可以通过举办绿色防控技术竞赛、评选绿色防控示范果园等活动，激发果农参与绿色防控的积极性。

4. 构建绿色防控产业链

绿色防控模式的推广离不开完整的产业链支撑。应积极培育绿色防控产品的生产企业、销售商和服务商，形成从研发、生产、销售到应用的完整产业链。同时，加强产业链上下游之间的合作与协调，确保绿色防控产品的质量和供应稳定性。通过构建绿色防控产业链，推动绿色防控技术的产业化、规模化发展。

5. 加强宣传与示范效应

充分利用各种媒体渠道和宣传手段，加大对绿色防控模式的宣传力度。通过电视、广播、网络、报纸等媒体平台，广泛宣传绿色防控理念、技术和成效，提高社会对绿色防控的认知度和认可度。同时，组织果农参观绿色防控示范园、交流学习经验等活动，增强示范效应和带动作用，推动绿色防控模式在更大范围内的应用和推广。